PUI PUI 天竺鼠車車の手作大冒險

萌翻天!

大風文創

PUI PUI 天竺鼠車車的
手作大冒險

目　錄

拼拼豆豆

P.20

卡通便當

P.28

羊毛氈肥皂套

P.22

造型餅乾

P.30

熱縮片

P.24

特製冰淇淋

P.31

刺繡

P.26

P.32 那麼，現在就來一起動手做吧！

羊毛氈

蓬鬆柔軟的羊毛氈材質，
戳出可愛滿點的天竺鼠車車，
毛茸茸的俏皮模樣，讓人愛不釋手！

● 製作方法 ● P.6 ▸ P.11 P.33

4

「馬鈴薯」與「西羅摩」
正 PUI PUI 地聊著天。

將天竺鼠車車停放在植栽上也很可愛喔！

不論在什麼地方，
天竺鼠車車們永遠
都蓄勢待發！

動手做羊毛氈版的「馬鈴薯」吧！

製作時請隨時拿出紙型比對尺寸喔！

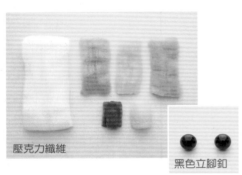

壓克力纖維

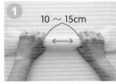

黑色立腳釦

● ● 材 料 ● ●

壓克力纖維（Aclaine）
註：可依個人喜好選擇羊毛或壓
克力纖維製作。
原色（113）10g
橙色（130）、淺粉紅色（124）、
粉紅色（123）各2g
褐色（120）、黃色（105）各1g
黑色立腳釦
（直徑10mm）2顆

● ● 工 具 ● ●

羊毛氈專用戳針（極細）
羊毛氈戳針墊
手縫針、縫線

市面上有販售「用羊毛氈製作 PUI
PUI 天竺鼠車車」之類的商品，裡
面就有「馬鈴薯」的所有材料。

※ 詳細資訊請參閱 P.33

註：羊毛氈以壓克力纖維或羊毛皆可製作，本書採用壓克力纖維，但因地方差異材料取得各有難度，因此以下教學皆以「羊毛」表示。

羊毛氈的基礎教學

● 拆分羊毛的方法 ●

〔分成小段〕

① ②

雙手握住羊毛的兩邊，中
間預留10～15公分的間
隔。（←→纖維的方向）

雙手分別向左右拉開，就
能將羊毛撕成小段。如果
無法順利撕開，可再放寬
一點步驟 ① 所預留的間
隔空間，再試試看。

〔分成小條〕

① ② ③

先在頂端等距撕出數個開
口。（示範圖是把5g的羊
毛分成5等分）

從開口往下撕開，盡可能
保持粗細一致。

完成5條1g大小的條狀羊
毛。

● 戳針的使用方法 ●

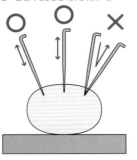

○ ○ ×

用羊毛氈專用戳針來
回戳刺羊毛，羊毛就
會越變越紮實。戳刺
時，戳針請保持垂直
的直進直出。

〔深針〕

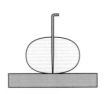

「深針」多半用於塑型階段，是
用針尖深深地戳進羊毛底部，
針尖幾乎快要戳到墊子。

〔淺針〕

「淺針」則多半用於裝飾圖案或
微微修整表面等階段，是在羊
毛的表面輕輕戳刺。

正面

背面

側面

〔耳朵〕

正面

側面

〔嘴巴〕

底部

〔輪胎〕

正面

側面

□	原色	■	粉紅色
■	橙色	□	黃色
■	淺粉紅色	▨	不要戳、保留原本的蓬鬆狀
■	褐色		

1 拆分羊毛

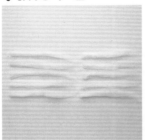

將 10g 原色羊毛，分成 10 等份（各 1g）。（8 份用來做身體，2 份用來做嘴巴與備用的素材）

2 製作車身

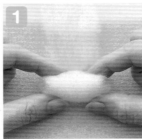

1 取 1 條 1g 原色羊毛，從末端處向內捲出一個圓柱體。

2 一邊翻轉圓柱體，一邊以深針戳刺固定塑型。

3 完成車身中心的基礎部位。

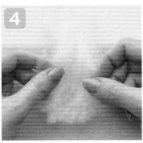

4 再取 1 條 1g 原色羊毛，將羊毛薄薄地攤開。

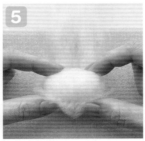

5 接著輕輕地用攤開的羊毛，將步驟 **3** 的車身包裹起來。

6 一邊翻轉羊毛團，一邊用淺針戳刺讓新一層的羊毛固定在車身上。

7 約 10 公分 約 7 公分 重複 **4** 至 **6** 的步驟，將 8g 羊毛一層層地戳上車身，以增加厚實度。

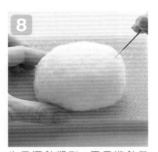

8 先用深針塑型，再用淺針微調，將車身的正面、背面、底部、側面等部位，塑整成與右圖紙型相同的車身形狀。

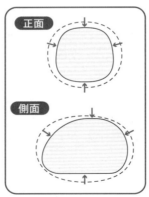

正面

側面

3 為車身加上花紋

9 製作完成的車身（從側面看起來的樣子）。

1 撕一小撮橙色羊毛。

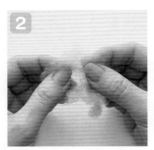

2 先輕輕的把羊毛搓鬆，再將羊毛攤開。

3 將橙色羊毛放在需要加上花紋的地方，以淺針裝飾於車身上。

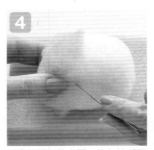

4 重複 **1** 至 **3** 的步驟，均勻地將橙色羊毛固定在車身前側。

5 車尾花紋的做法也相同，先簡單將橙色羊毛固定在車尾處。（從側面看起來的樣子）。

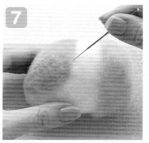

6

用淺針戳刺，把車身的橙色花紋戳得紮實、平整。

7

一樣用淺針，修飾顏色交界處的羊毛。

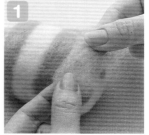

8

完成車身花紋。

4 加上前、後及側面車窗

1

撕開一小撮淺粉紅色羊毛，輕輕搓鬆後，將攤開的淺粉紅色羊毛，放在車身前的車窗位置。

2

一邊調整邊線要固定的位置，一邊將前車窗戳刺到車身正面。

3

前車窗加裝完成。

4

以同樣做法，完成後車窗與兩側車窗。

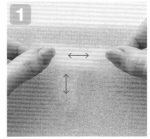

5 製作嘴巴

1

取出少量的原色羊毛分成兩小塊，讓兩片纖維的方向呈現垂直狀，再疊合在一起。

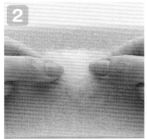

2

整理成一個半圓片狀。

3

分別從半圓片的兩面進行戳刺，把半圓片的上方與中間部分戳紮實，半圓片的周圍不用戳，保持原本的蓬鬆狀即可。

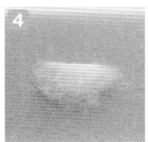

4

戳完的樣子（周圍蓬鬆、中間緊實）。

5

取出極少量的淺粉紅色羊毛，薄薄地鋪在步驟4的半圓片上，再戳刺固定於中心處。

6

嘴巴的零件完成。

6 製作耳朵

1

取一小撮褐色羊毛輕輕搓鬆，捲成一個小圓柱體，下方則保留原本的蓬鬆狀，不用全部捲起來。

2

從正反兩面戳刺，戳得紮實的同時塑整出耳朵的形狀。

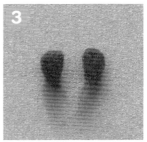

3

完成兩個耳朵（耳朵下方預留的蓬鬆羊毛，用來後續與車體接合）。

7 製作輪胎

1 將2g粉紅羊毛，分成8等份（其中4份是備用素材）。取出其中1份粉紅色羊毛，捲成圓球狀後，邊轉邊戳，進行塑型。

2 做出蓬鬆的圓球。

3 將圓球微微壓成輪胎狀，戳針分別從輪胎的兩面進行戳刺。

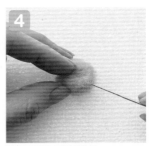

4 接著將側面戳刺塑型。

5 取出極少量的黃色羊毛，用手指搓揉成球狀後，放在步驟④所製作的粉紅色輪胎上。

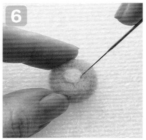

6 一邊調整邊線要固定的位置，一邊將黃色輪框戳刺到粉紅色輪胎上。輪胎的兩面都要裝飾上黃色輪框。

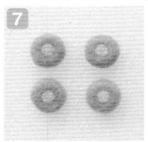

7 四個輪胎零件完成。

8 製作臉部

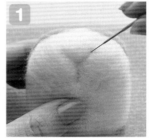

1 在車身正面預計要做出鼻子的下方處，用戳針反覆深戳，做出一個Y字形的痕跡。

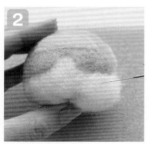

2 增加臉部的立體感。取一小撮原色羊毛輕輕鬆開，放在臉頰處以淺針戳出鼓鼓的臉頰。

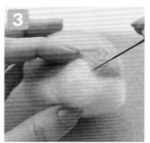

3 鼻子也一樣。取一小撮原色羊毛輕輕鬆開，用淺針戳出鼻子形狀。

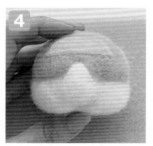

4 拿出紙型比對，一邊調整塑型。

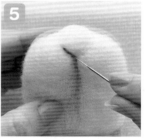

5 取出極少量的褐色羊毛，一邊用手指輕輕捻成條狀，一邊淺淺地戳刺在Y字形的痕跡上。

● 羊毛氈塑型的訣竅 ● 請一邊動手戳刺一邊調整喔！

〈想讓羊毛團下凹〉

由於羊毛氈會越戳越凹，所以只要在想做出下凹的地方，多戳刺幾針即可。

〈想讓某處膨起或羊毛不小心戳過頭的補救方法〉

〔添加羊毛法〕

用備用羊毛來填補。在想讓某處膨起的地方，鋪上備用羊毛，再以戳針戳合即可。

〔挑鬆羊毛法〕

用錐子等前端尖銳的工具，戳入想要做出凸起或膨脹效果的地方，從裡層用錐子將羊毛輕輕向外挑起一點，就會變得比較膨鬆。

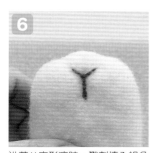

沿著Y字形痕跡,戳刺填入褐色羊毛。

9 縫上眼睛

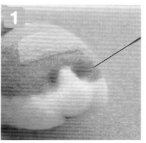

用戳針在眼睛的位置,戳出兩個下凹的眼窩。

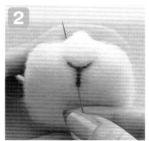

拿手縫針與打好結的縫線,從嘴巴的Y字形下方入針,再從眼窩中心處出針。

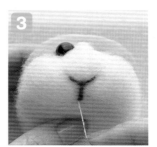

再將針穿過黑色立腳釦之後,從同樣位置(自眼窩再到Y字形下方)出針,並打結。用同樣的做法縫上另一邊的眼睛。

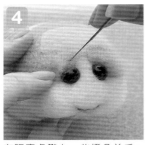

在眼窩處戳上一些橙色羊毛,填補眼窩下凹的部分。

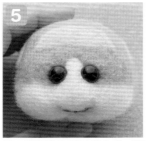

另一側眼窩也用同樣方式,讓馬鈴薯看起來更有精神。

10 加上嘴巴

取出之前做好的嘴巴半圓片零件,捏摺起中間的部分放在嘴巴的位置上。

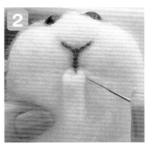

左右兩邊要戳深一點,讓嘴巴能固定。蓬鬆的邊緣則用淺針輕輕戳合上去即可。

對摺處用戳針戳刺,慢慢塑整出嘴巴的形狀。

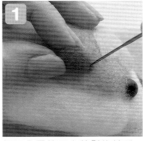

嘴巴加裝完成。

11 加上耳朵

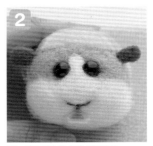

把耳朵零件下方蓬鬆的羊毛,用深針戳到耳朵位置來固定。

另一邊耳朵的作法也相同。

12 加上輪胎

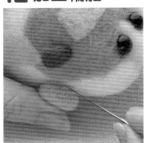

要把輪胎與車身戳合在一起時,記得要從輪胎內側的連接面來入針,並且連接處的一整圈都要戳實,才能讓輪胎牢牢地固定在車身上。

完成!

可依個人喜好,將輪胎擺成自己喜歡的樣子再接合。

不織布

用觸感輕柔的不織布，
做出可愛的天竺鼠車車。
溫暖的不織布，與天竺鼠車車是絕佳搭配。

● 製作方法 ● P.35 ▶ P.38

掛在包包上，讓
「馬鈴薯」陪著我
們一起出門去！

用不織布做出可愛的天竺鼠車車！

只要加上別針，就能
變成討喜又實用的小
胸章，把「阿比」別
在自己喜歡的衣服上
吧！

 # 貼布繡

貼布繡可以使用在各式各樣的物品上，
只要一針一線縫上可愛的貼布繡，
就能讓天竺鼠車車陪伴在身邊！

貼布繡 × 輕量小背包

超級流行的輕便隨身補給包，
也能加上可愛的天竺鼠車車。
用貼布繡縫出圖案，
輕鬆簡單就能完成。

● 製作方法 ● P.39

貼布繡 × T恤

在喜歡的T恤上加上喜歡的天竺鼠車車，用貼布繡創造出兩倍的喜歡！

● 製作方法 ● P.40

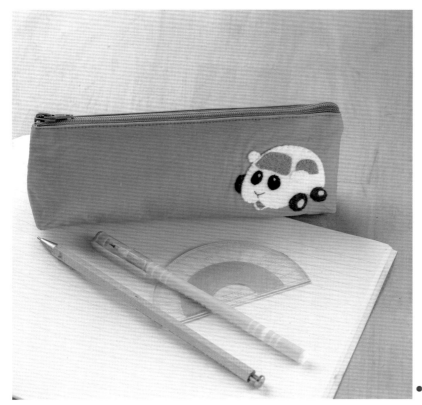

貼布繡 × 筆袋

日常隨身攜帶的收納小包，也能加上天竺鼠車車，讓每天的心情更美麗！

● 製作方法 ● P.41

毛線鉤織娃娃

鉤織也能做出圓滾滾的天竺鼠車車，
請盡情享受鉤織的療癒樂趣，
來個天竺鼠車車的全員大集合吧！

● 製作方法 ● P.42 · P.47

天竺鼠車車排排站，可以玩出各種有趣的組合！

毛線鉤織娃娃

天竺鼠巡警車車＆天竺鼠救護車車

無論正面、側面，還是背面，
每個角度都超～可愛！

● 製作方法 ● P.42 ▶ P.47

天竺鼠車車集合！
PUI PUI ！

一顆一顆的依序排列，
就能組合出可愛的天竺鼠車車！
可單純當作療癒小擺飾，
也能發揮巧思運用在生活之中。

只要加上底座，拼豆版的天竺鼠車車就能立起來當擺飾

● 製作方法 ● P.48 ▶ P.50

可以用來裝飾
在生活中每個
角落！

也能當成杯墊來使用：

21

羊毛氈肥皂套

把肥皂用柔軟的羊毛包裹起來，
戳上天竺鼠車車的圖案，
就成為獨一無二的羊毛氈肥皂套，
讓洗手變得更有趣！

● 製作方法 ● P.51 ▶ P.52

不同形狀的肥皂 + 不同顏色的羊毛 = 各種創意變化！

熱縮片

在打磨過的熱縮片上，
用色鉛筆描出天竺鼠車車的圖案，
接著放入烤箱加熱，就會收縮成小巧的成品。
另外，還可以加裝底座、改造成鑰匙圈等等。

● 製作方法 ● P.53 ▶ P.56

有趣又好玩的熱縮
片。
只要預先打好洞,就
能玩出N種變化。

只要穿入珠鍊,
就能掛在包包當吊飾,
或當成鑰匙圈來使用。

刺繡

回針繡、十字繡……
選個喜歡的針法，
一針一線繡出專屬自己的天竺鼠車車吧！

束口袋＆手帕
用回針繡就能簡單完成！

● 製作方法 ● P.58 ▶ P.59

配合四季更換不同款式，讓十字繡變成房間的亮點！

十字繡 × 迷你繡框

刺繡完成後，
連同繡框可以直接作為掛飾！

● 製作方法 ● **P.57**

卡通便當

天竺鼠車車出現在便當裡，
不只午餐時光變得更加愉快，
做法也相當簡單喔！

「馬鈴薯」造型的飯糰便當
這款飯糰的大小，
可以剛剛好放進便當盒裡！

● 製作方法 ● P.60

「馬鈴薯」與「巧克力」造型的
麵包捲便當

可愛到讓人捨不得吃掉的
天竺鼠車車麵包。

● 製作方法 ● P.61

造型餅乾

先做出天竺鼠車車外型的餅乾麵團，
放進烤箱烤一下，
再用巧克力筆描出線條就能輕鬆完成。
作法簡單又好玩！

● 製作方法 ● P.62

造型冰淇淋

在球狀冰淇淋上，
用巧克力筆描繪出天竺鼠車車的臉部表情
再用杏仁巧克力來當輪胎。
先把每個部位的零件都準備好，
簡單組合就 OK ！

● 製作方法 ● **P.63**

那麼，現在就來一起動手做吧！

製作過程的樂趣，
滿滿成就感的喜悅，
感受迷人且趣味的手作魅力！

動手做出充滿個人風格的天竺鼠車車吧！

羊毛氈「西羅摩」

● 材 料 ●

壓克力纖維
白色（101）10g
灰色（254）、綠色（121）各2g
黃色（105）、褐色（110）、淺粉紅色（124）各1g
黑色立腳釦（直徑10mm）2顆

● 工 具 ●

羊毛氈專用戳針（極細）
羊毛氈戳針墊
手縫針、縫線

● 製作方法 ● ※ 詳細的做法請參閱P.8~11與「馬鈴薯」款相同
　　　　　　 ※ 原寸紙型請參閱P.34

① 製作車身，加上前、後及兩側的車窗

② 用灰色羊毛，在車身上戳出前、後及兩側的車窗

（側面）

① 取8g白色羊毛戳刺，塑整出車形

② 製作各個部位的零件

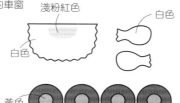

淺粉紅色

白色

白色

黃色

綠色1g的1/4

做出四個相同的輪胎零件

③ 製作臉部

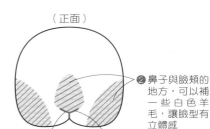

（正面）

② 鼻子與臉頰的地方，可以補一些白色羊毛，讓臉型有立體感

① 反覆深戳出Y字形痕跡

③ 用極少量的褐色羊毛戳出Y字線條

④ 加上眼睛、嘴巴及耳朵

③ 把耳朵零件下方蓬鬆的羊毛，用深針戳到耳朵位置來固定。

① 將黑色立腳釦縫在眼窩處做出眼睛。

② 取出之前做好的嘴巴半圓片零件，捏摺放在嘴巴的位置上戳刺固定。

⑤ 加上輪胎

從輪胎內側的連接面入針，把輪胎與車身戳合在一起。

現在也有發售「阿比」、「巧克力」、「泰迪」的材料包！基本作法與「馬鈴薯」、「西羅摩」都差不多喔！

市面上有販售可以製作「PUI PUI 天竺鼠車車」的完整材料包

「用羊毛氈製作 PUI PUI 天竺鼠車車 – 馬鈴薯」
「用羊毛氈製作 PUI PUI 天竺鼠車車 – 西羅摩」
「用羊毛氈製作 PUI PUI 天竺鼠車車 – 阿比」
「用羊毛氈製作 PUI PUI 天竺鼠車車 – 巧克力」
「用羊毛氈製作 PUI PUI 天竺鼠車車 – 泰迪」

材料包中所提供的素材「純羊毛」，具有彈性佳、觸感舒服的特性。

價格299元　購買資訊請洽「大風文創官網」
https://www.windwind.com.tw/products/10_43/1

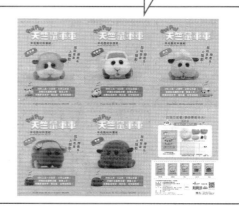

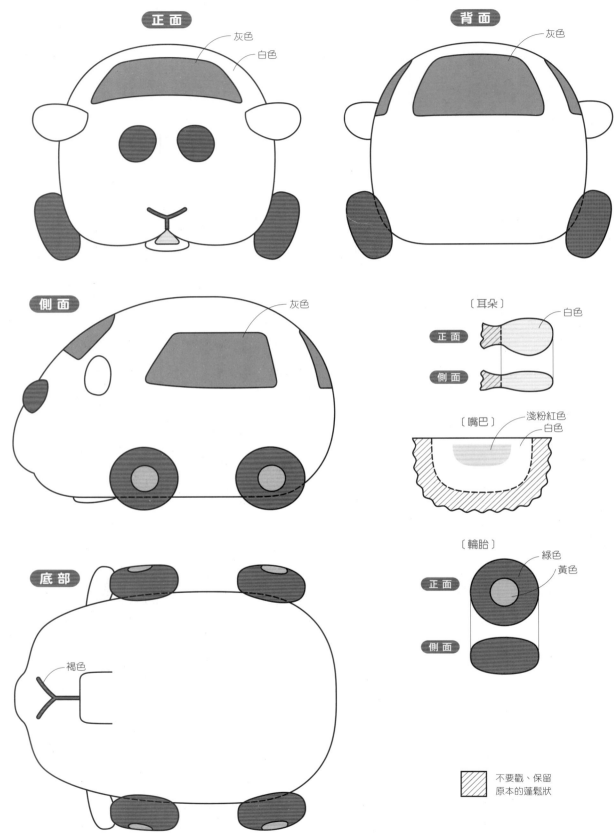

正面

灰色
白色

背面

灰色

側面

灰色

〔耳朵〕

正面 白色

側面

〔嘴巴〕 淺粉紅色
白色

〔輪胎〕

正面 綠色
黃色

側面

底部

褐色

不要截、保留
原本的蓬鬆狀

P.12 不織布「馬鈴薯」

○○○○○○○○○○○○○○○○○○○○○○○○○○○○○○○○○○○○○○

● ● 材 料 ● ●

不織布　乳黃色、土黃色、粉紅色、淺粉紅色、褐色、黑色、黃色
25號繡線　乳黃色、土黃色、粉紅色、淺粉紅色、褐色、深褐色、白色
手工藝用填充棉花

● ● 製作方法 ● ●

①製作前片

先用少量接著劑，將前、後及側面車窗，
與車身花紋部位的不織布暫時黏貼在一起

立針縫

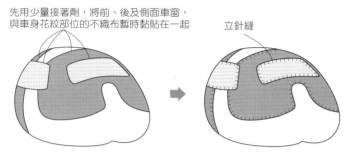

②縫合前片與後片的不織布

塞好棉花後，
以捲針縫縫合

棉花

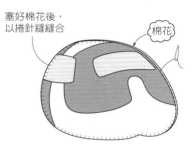

③製作各個部位備用

耳朵

眼白部分為刺繡

塞好棉花後，
以捲針縫縫合

棉花

眼睛

輪胎

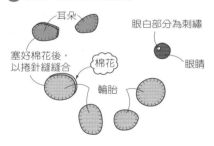

④將各部位零件組合在車身上，再用繡線繡出鼻子

②以立針縫縫合

③用接著劑黏貼

③用接著劑黏貼

①Y字為刺繡

● ● 原寸大小紙型 ● ●

※ 素材皆使用不織布
※ 使用立針縫或捲針縫時，請取1股與不織布顏色相同的繡線來進行縫合

乳黃色1片

（後片）乳黃色1片

土黃色1片

土黃色1片

淺粉紅色1片

淺粉紅色1片

褐色2片

褐色2片

法式結粒繡
（白色繡線3股）

黑色1片

黃色1片

回針繡
（深褐色繡線3股）

粉紅色2片

粉紅色2片

粉紅色2片

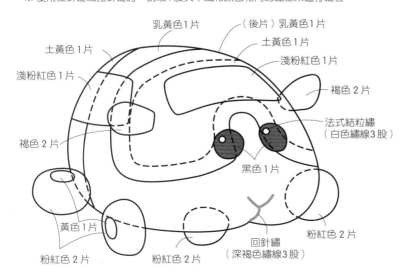

不織布的手縫針法

〔立針縫〕

2入針

3出針　　1出針

〔捲針縫〕

3出針

2入針

1出針

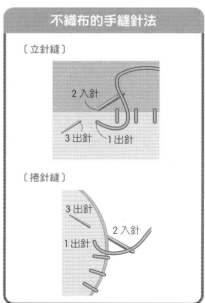

35

P.12 不織布「西羅摩」

● ● 材 料 ● ●
不織布　白色、綠色、灰色、黑色、黃色、淺粉紅色
25 號繡線　白色、綠色、灰色、深褐色
手工藝用填充棉花

● ● 原寸大小紙型 ● ●

※ 素材皆使用不織布
※ 使用立針縫或捲針縫時，請取1股與不織布顏色相同的繡線來進行縫合

● ● 製作方法 ● ●

耳朵　　②立針縫　　耳朵

④捲針縫

①用接著劑黏貼　　③塞好棉花後，以捲針縫縫合

輪胎　　輪胎　　輪胎

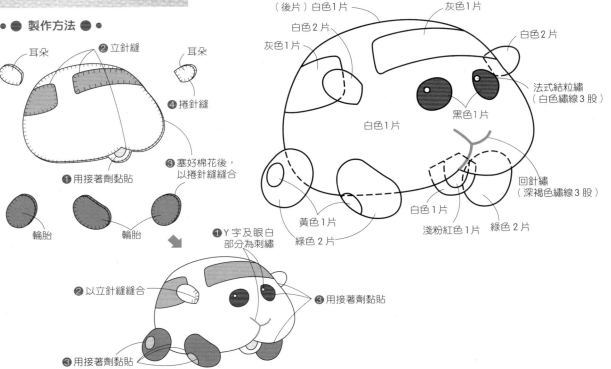

（後片）白色1片　　灰色1片
白色2片
灰色1片　　　　　白色2片
　　　　　　　　　　　　　法式結粒繡
　　　　　　　　　　　　（白色繡線3股）
白色1片　　黑色1片
　　　　　　　　　　　　　回針繡
　　　　　　　　　　　　（深褐色繡線3股）
黃色1片　　白色1片
綠色2片　　淺粉紅色1片　綠色2片

①Y字及眼白部分為刺繡

②以立針縫縫合　　　③用接著劑黏貼

③用接著劑黏貼

P.12 不織布「阿比」

● ● 製作方法 ● ●

立針縫
※ 後片做法相同

耳朵　　③捲針縫　　耳朵

①立針縫

（後片）

②塞入棉花後，以捲針縫縫合

輪胎

用接著劑黏貼

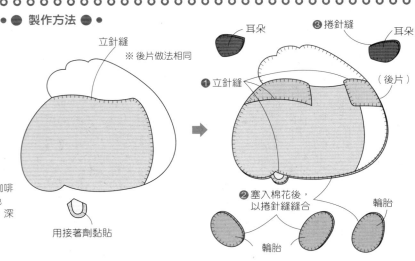

● ● 材 料 ● ●
不織布　白色、象牙白、橙色、水藍色、深咖啡色、黑色、淺褐色、淺粉紅色、黃色、黃綠色
25 號繡線　白色、象牙白、橙色、水藍色、深咖啡色、深褐色
手工藝用填充棉花

輪胎

● ● 材 料 ● ●
不織布　褐色、水藍色、米色、深黃色、黑色、淺水藍色、黃色、淺粉紅色
25 號繡線　褐色、水藍色、米色、深黃色、白色、深咖啡色
手工藝用填充棉花

● ● 原寸大小紙型 ● ●
※ 素材皆使用不織布
※ 使用立針縫或捲針縫時，請取1股與不織布顏色相同的繡線來進行縫合

● ● 製作方法 ● ●

耳朵　②立針縫　耳朵
④捲針縫
③塞好棉花後，以捲針縫縫合
①用接著劑黏貼
輪胎　輪胎

②以立針縫縫合　③用接著劑黏貼
③用接著劑黏貼
①Y字及眼白部分為刺繡

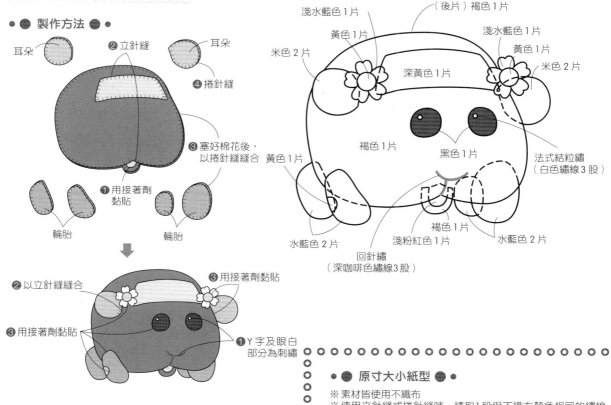

淺水藍色1片　（後片）褐色1片
黃色1片　淺水藍色1片
米色2片　黃色1片
深黃色1片　米色2片
褐色1片　黑色1片
法式結粒繡（白色繡線3股）
黃色1片
水藍色2片　淺粉紅色1片　水藍色2片
褐色1片
回針繡（深咖啡色繡線3股）

● ● 原寸大小紙型 ● ●
※ 素材皆使用不織布
※ 使用立針縫或捲針縫時，請取1股與不織布顏色相同的繡線來進行縫合

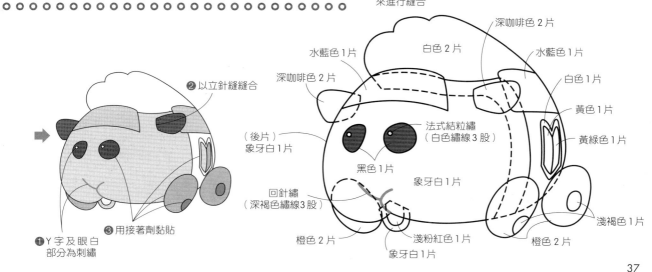

②以立針縫縫合
③用接著劑黏貼
①Y字及眼白部分為刺繡

深咖啡色2片
水藍色1片　白色2片　水藍色1片
深咖啡色2片　白色1片
黃色1片
法式結粒繡（白色繡線3股）
黃綠色1片
（後片）象牙白1片
黑色1片
象牙白1片
回針繡（深褐色繡線3股）
淺褐色1片
橙色2片　淺粉紅色1片　橙色2片
象牙白1片

P.12 不織布「泰迪」

● ● 製作方法 ● ●

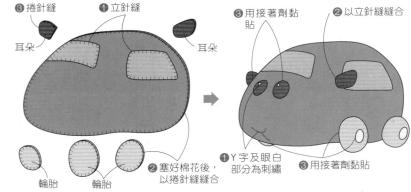

③捲針縫　①立針縫
耳朵　　　　　耳朵
③用接著劑黏貼　②以立針縫縫合
②塞好棉花後，以捲針縫縫合
輪胎　輪胎
①Y字及眼白部分為刺繡
③用接著劑黏貼

● ● 材 料 ● ●

不織布　深褐色、褐色、深粉紅色、深咖啡色、黑色、黃色
25號繡線　深褐色、褐色、深粉紅色、深咖啡色、白色
手工藝用填充棉花

● ● 原寸大小紙型 ● ●

※ 素材皆使用不織布
※ 使用立針縫或捲針縫時，請取1股與不織布
　 顏色相同的繡線來進行縫合

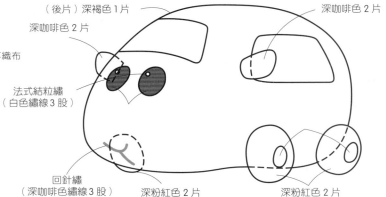

（後片）深褐色1片　　　深咖啡色2片
深咖啡色2片
法式結粒繡（白色繡線3股）
回針繡（深咖啡色繡線3股）
深粉紅色2片　　深粉紅色2片

P.13 不織布天竺鼠車車 ✕ 飾品

● ● 材 料 ● ●

不織布天竺鼠車車
〔背包掛飾〕
單圈
珠鍊
〔胸針〕
帶孔別針（簡針）

〔背包掛飾〕
珠鍊
單圈
用針線縫合

〔胸針〕
（背面）
帶孔別針
用針線縫合

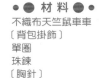
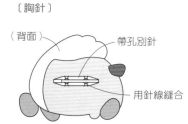

不織布的剪裁方法

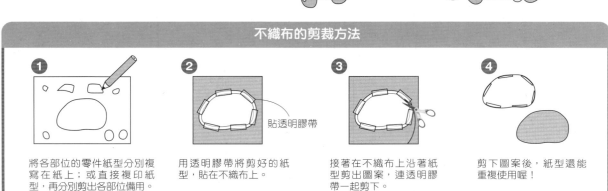

❶ 將各部位的零件紙型分別複寫在紙上；或直接複印紙型，再分別剪出各部位備用。

❷ 用透明膠帶將剪好的紙型，貼在不織布上。
貼透明膠帶

❸ 接著在不織布上沿著紙型剪出圖案，連透明膠帶一起剪下。

❹ 剪下圖案後，紙型還能重複使用喔！

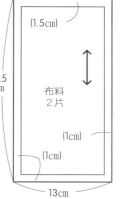

P.14 貼布繡 × 輕量小背包

○○○○○○○○○○○○○○○○○○○○○○○○○○○○○○○○○○○○○○○

●● 材 料 ●●

〔天竺鼠巡警車車〕
不織布　黃色、水藍色、藍色、紅色、灰色、淺黃色
25 號繡線　黃色、水藍色、藍色、紅色、灰色、淺黃色、白色、褐色

〔天竺鼠救護車車〕
不織布　白色、水藍色、藍色、深粉紅色、紅色、淺黃色
25 號繡線　白色、水藍色、藍色、深粉紅色、紅色、淺黃色、褐色

〔共用〕
布料（厚棉布）各26cm×25.5 cm
人字斜紋帶（寬2cm）各105cm

●● 剪裁配置圖 ●●

（1.5cm）

25.5 cm

布料
2片

（1cm）

（1cm）

13cm

●● 製作方法 ●●

1 處理布邊

拷克或
Z字車縫

2 在正面處加上貼布繡

刺繡

3cm

立針縫

3 在背面處縫上斜揹帶

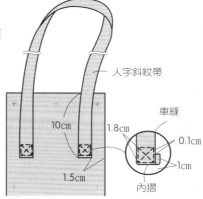

人字斜紋帶

車縫

10cm

1.8cm

0.1cm

1cm

1.5cm

內摺

4 將兩片布料正面相對縫合

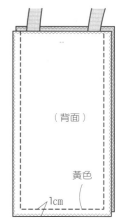

（背面）

黃色

1cm

5 縫製包口

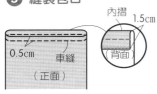

內摺　1.5cm

0.5cm

車縫

背面

（正面）

6 將包口向下摺即完成

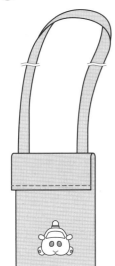

●● 原寸大小紙型 ●●

※ 素材皆使用不織布

※ 使用立針縫時，請取1股與不織布顏色相同的繡線來進行縫合

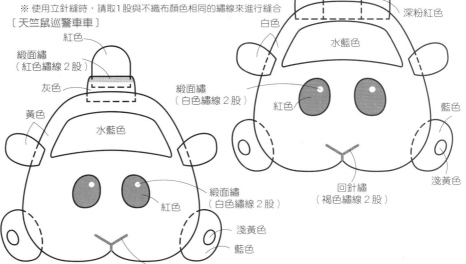

〔天竺鼠巡警車車〕

紅色

緞面繡
（紅色繡線2股）

灰色

黃色

水藍色

紅色

緞面繡
（白色繡線2股）

淺黃色

藍色

回針繡
（褐色繡線2股）

〔天竺鼠救護車車〕

白色

深粉紅色

白色

水藍色

緞面繡
（白色繡線2股）

紅色

藍色

淺黃色

回針繡
（褐色繡線2股）

P.15 貼布繡 × T恤

● 材料 ●

T恤 各1件
可水洗的不織布　乳黃色、土黃色、水藍色、淺粉紅色、粉紅色、褐色、深褐色
25號繡線　乳黃色、土黃色、水藍色、淺粉紅色、粉紅色、褐色、深褐色、白色

● 製作方法 ●

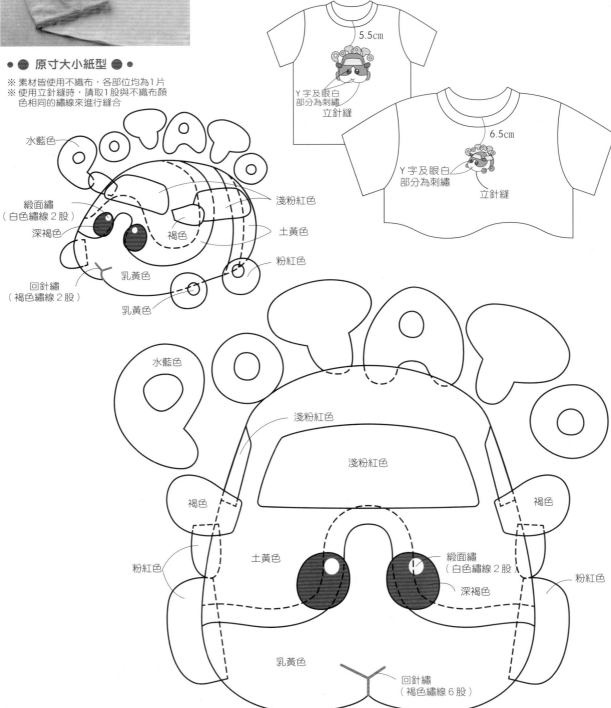

5.5cm

Y字及眼白
部分為刺繡
立針縫

6.5cm

Y字及眼白
部分為刺繡

立針縫

● 原寸大小紙型 ●

※ 素材皆使用不織布，各部位均為1片
※ 使用立針縫時，請取1股與不織布顏
　色相同的繡線來進行縫合

水藍色

緞面繡
（白色繡線2股）

深褐色

淺粉紅色

褐色

土黃色

粉紅色

回針繡
（褐色繡線2股）

乳黃色

乳黃色

水藍色

淺粉紅色

淺粉紅色

褐色

褐色

粉紅色

土黃色

緞面繡
（白色繡線2股）

深褐色

粉紅色

乳黃色

回針繡
（褐色繡線6股）

40

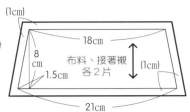

P.15 貼布繡 × 筆袋

● ● 材 料 ● ●

布料（棉布）47cm × 10 cm
接著襯（薄）47cm × 10 cm
拉鍊 18cm 1 條
不織布　白色、綠色、灰色、深褐色、淺黃色、粉紅色
25 號繡線　白色、綠色、灰色、深褐色、淺黃色、粉紅色、褐色

● ● 剪裁配置圖 ● ●

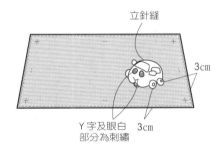

（1cm）
18cm
8cm
1.5cm
布料、接著襯 各2片
（1cm）
21cm

● ● 製作方法 ● ●

1 在布料的背面貼上接著襯、處理布邊

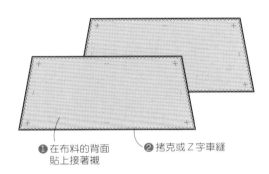

❶在布料的背面貼上接著襯
❷拷克或Z字車縫

2 縫上貼布繡

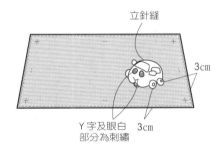

立針縫
3cm
3cm
Y字及眼白部分為刺繡

3 縫上拉鍊

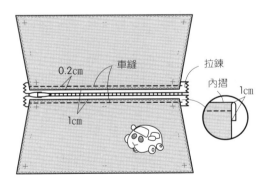

0.2cm
車縫
拉鍊
內摺
1cm
1cm

4 將兩片布料正面相對縫合

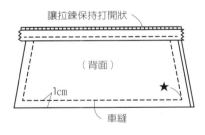

讓拉鍊保持打開狀
（背面）
1cm
★
1cm
車縫

● ● 原寸大小紙型 ● ●

※ 素材皆使用不織布，各部位均為1片
※ 使用立針縫時，請取1股與不織布顏色相同的繡線來進行縫合

5 縫製側邊

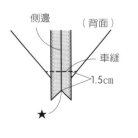

側邊
（背面）
車縫
1.5cm
★

6 翻回正面

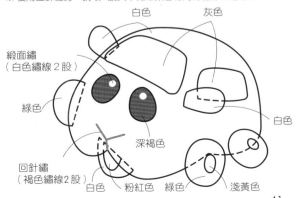

白色
灰色
緞面繡（白色繡線2股）
綠色
白色
深褐色
回針繡（褐色繡線2股）
白色
粉紅色
綠色
淺黃色

P.16 P.17 P.19 毛線鉤織娃娃「馬鈴薯」

● 材 料 ●

毛線〔HAMANAKA PICCOLO〕 土黃色（27）10g，乳黃色（41）、淺粉紅色（4）、粉紅色（5）
各 5g，黃色（42）、褐色（29）各 1g
黑色立腳釦（直徑 9mm）2 顆
手工藝用填充棉花

● 工 具 ●

鉤針 4/0 號

● 編織密度（Gauge）●

短針 12 針 13 段 =5cm 正方形

● 製作方法 ● ※ 織圖請參閱 P.45~47 ※ ——→ 為鉤織的方向

① 鉤織車身上半部與車身花紋

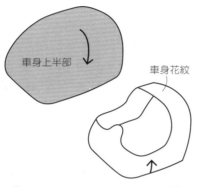

車身上半部

車身花紋

② 將車身花紋接合在車身上半部

縫合

③ 拼接車身上半部與車底

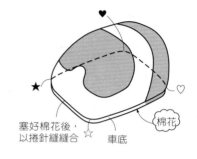

塞好棉花後，
以捲針縫縫合 ☆

棉花

車底

④ 製作輪胎

塞好棉花後，
以捲針縫縫合

棉花

輪胎

輪胎

輪胎（側邊）

⑤ 依序將各部位縫合在車身上

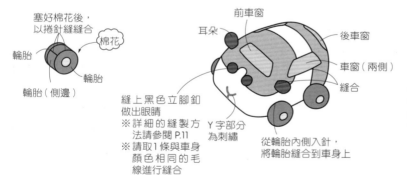

前車窗

耳朵

後車窗

車窗（兩側）

縫合

縫上黑色立腳釦
做出眼睛
※ 詳細的縫製方
法請參閱 P.11
※ 請取 1 條與車身
顏色相同的毛
線進行縫合

Y 字部分
為刺繡

從輪胎內側入針，
將輪胎縫合到車身上

配色表

配色表	
車身上半部	土黃色
車底	土黃色、乳黃色
窗戶	淺粉紅色
耳朵	褐色
輪框（第 1 段）	黃色
輪胎（第 2 段，側邊）	粉紅色
鼻子（刺繡）	褐色
車身花紋	乳黃色

● 各部位的接合位置（共用）●

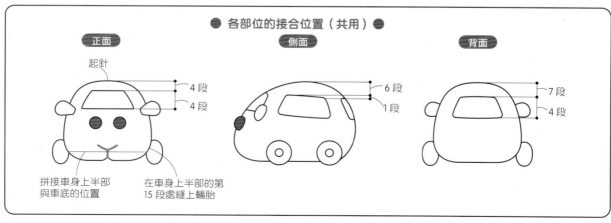

正面

起針

4 段
4 段

拼接車身上半部
與車底的位置

在車身上半部的第
15 段處縫上輪胎

側面

6 段
1 段

背面

7 段
4 段

P.16 P.17 P.19 毛線鉤織娃娃「西羅摩」

● 材 料 ●●

毛線〔HAMANAKA PICCOLO〕

米白色（2）10g，
灰色（50）、綠色（24）
各5g、黃色（42）、褐
色（29）各1g
黑色立腳釦（直徑9mm）
2顆
手工藝用填充棉花

※工具、編織密度與P.42
「馬鈴薯」款相同。

●● 製作方法 ●●

※詳細的製作方法請參照P.42「馬鈴薯」 ※織圖請參閱P.45~46

配色表

車身上半部	米白色
車底	米白色
窗戶	灰色
耳朵	米白色
輪框（第1段）	黃色
輪胎（第2段、側邊）	綠色
鼻子（刺繡）	褐色

P.16 P.17 P.19 毛線鉤織娃娃「巧克力」

●● 製作方法 ●●

※詳細的製作方法請參照P.42「馬鈴薯」 ※織圖請參閱P.45~47

從花朵的中心處
縫合在車身上

花朵

法式結粒繡
（黃色繡線1股）

配色表

車身上半部	褐色
車底	褐色
窗戶	黃色
耳朵	淺褐色
輪框（第1段）	黃色
輪胎（第2段、側邊）	深水藍色
鼻子（刺繡）	深褐色

●● 材 料 ●●

毛線〔HAMANAKA PICCOLO〕

米褐色（29）10g，黃色（42）、深水藍色（43）各5g，淺褐色（28）、藍綠色（48）、深褐色（17）各1g
黑色立腳釦（直徑9mm）2顆　手工藝用填充棉花

※工具、編織密度與「馬鈴薯」款相同。

P.16 P.17 P.19 毛線鉤織娃娃「阿比」

●● 材 料 ●●

毛線〔HAMANAKA PICCOLO〕

米白色（2）15g，米色（45）、水藍色（12）、橙色（51）各5g，深褐色（17）、褐色（29）各1g
黑色立腳釦（直徑9mm）2顆
手工藝用填充棉花
不織布　白色、深黃色、黃綠色
25號繡線　白色

※工具、編織密度與「馬鈴薯」款相同。

●● 工 具 ●●

鉤針4/0號、厚紙板、手縫針

※編織密度與P.42「馬鈴薯」款相同。

配色表

車身上半部	米白色、米色
車底	米白色、米色
窗戶	水藍色
耳朵	深褐色
輪框（第1段）	深褐色
輪胎（第2段、側邊）	橙色
鼻子（刺繡）	褐色

●● 製作方法 ●● ※詳細的製作方法請參照P.42「馬鈴薯」 ※織圖請參閱P.45~46

製作毛線球

取米白色的毛
線，在厚紙板上
捲20圈

取另一條線，
在毛線球中心
處打結

4cm

厚紙板

※總共要做5個

① 用毛線球打結處
的線段，將毛線
球緊緊地綁在
車頂處

放置毛線
球的位置

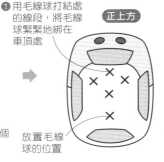

正上方

② 修剪出所
需的山型
外觀

側面

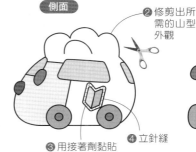

③ 用接著劑黏貼

④ 立針縫

正面

43

P.16 P.17 P.19 毛線鉤織娃娃「泰迪」

● ● 材 料 ● ●　　　　　　● ● 製作方法 ● ●

毛線〔HAMANAKA PICCOLO〕　※ 詳細的製作方法請參照 P.42「馬鈴薯」　※ 織圖請參閱 P.45~46
深褐色（17）10g，
褐色（29）、紅色（6）各5g，
黑色（20）、黃色（42）各1g
黑色立腳釦（直徑9mm）
2 顆
手工藝用填充棉花

※ 工具、編織密度與 P.42「馬
　 鈴薯」款相同。

配色表

車身上半部	深褐色
車底	深褐色
窗戶	褐色
耳朵	黑色
輪框（第1段）	黃色
輪胎（第2段，側邊）	紅色
鼻子（刺繡）	黑色

P.18 P.19 毛線鉤織娃娃「天竺鼠巡警車車」

● ● 製作方法 ● ●　※ 其他部分的製作方法請參照 P.42「馬鈴薯」
　　　　　　　　　　※ 織圖、紙型請參閱 P.45~47　※ 編織密度與 P.42「馬鈴薯」款相同。

③ 從警示燈的底座
下與車頂縫合

警示燈底座　　警示燈

① 縫合

棉花　② 下方用捲針縫縫合

先用紅色指甲油，
把黑色立腳釦塗成
紅色

④ 刺繡

⑤ 用接著劑黏貼

⑥ 立針縫

配色表

車身上半部	黃色
車底	黃色
窗戶	水藍色
耳朵	黃色
輪框（第1段）	黃色
輪胎（第2段、側邊）	藍色
鼻子（刺繡）	褐色

● ● 工 具 ● ●

鉤針 4/0 號、紅色指甲油、手
縫針

● ● 材 料 ● ●

毛線〔HAMANAKA PICCOLO〕　黃色（42）10g，水藍色（12）、藍色（13）各5g，紅色（6）、淺灰色（33）、
褐色（29）各1g
黑色立腳釦（直徑9mm）2 顆　不織布 藍色、黃色　25 號繡線　藍色、白色　手工藝用填充棉花

P.18 P.19 毛線鉤織娃娃「天竺鼠救護車車」

● ● 材 料 ● ●

毛線〔HAMANAKA PICCOLO〕　米白色（2）10g，水藍色（12）、藍色（13）各5g，紅色（6）、
黃色（42）、白色（1）、褐色（29）各1g
黑色立腳釦（直徑9mm）2 顆
不織布 紅色、淺藍色
25 號繡線　紅色
手工藝用填充棉花

● ● 工 具 ● ●

鉤針 4/0 號、紅色指甲油、手縫針
※ 編織密度與 P.42「馬鈴薯」款相同。

● ● 製作方法 ● ●　※ 其他部分的製作方法請參照 P.42「馬鈴薯」　※ 編織圖、紙型請參閱 P.45~47

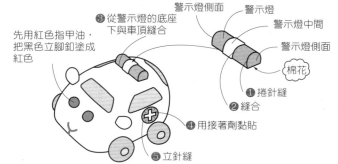

③ 從警示燈的底座
下與車頂縫合

警示燈側面　　警示燈

警示燈中間

警示燈側面

棉花

先用紅色指甲油，
把黑色立腳釦塗成
紅色

① 捲針縫

② 縫合

④ 用接著劑黏貼

⑤ 立針縫

配色表

車身上半部	米白色
車底	米白色
窗戶	水藍色
耳朵	米白色
輪框（第1段）	黃色
輪胎（第2段、側邊）	藍色
鼻子（刺繡）	褐色

● ● 織 圖 ● ● ► 剪斷線 ▷ 接線 ↘ = 加2短針（在同1針目內做3個短針）

〔車身上半部（阿比款除外）〕1片

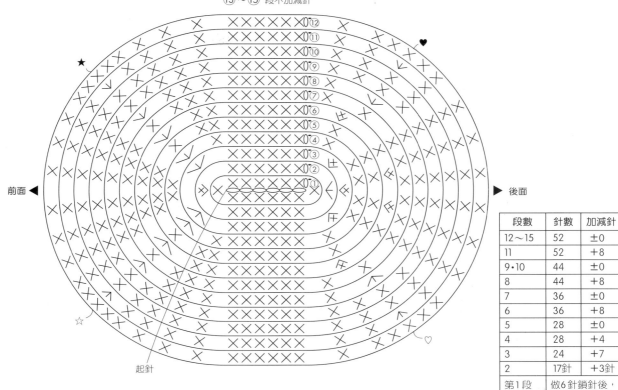

⑬～⑮ 段不加減針

前面 ◄   ► 後面

段數	針數	加減針
12～15	52	±0
11	52	＋8
9・10	44	±0
8	44	＋8
7	36	±0
6	36	＋8
5	28	±0
4	28	＋4
3	24	＋7
2	17針	＋3針
第1段	做6針鎖針後，再做14針短針	

起針

〔車身上半部（阿比款）〕1片

○ 米白色
◯ 米色

⑬～⑮ 段不加減針
※ 毛線換色處

※⑥～⑮ 段的換色處，要先剪斷線，替換好毛線顏色後，再接線繼續鉤織

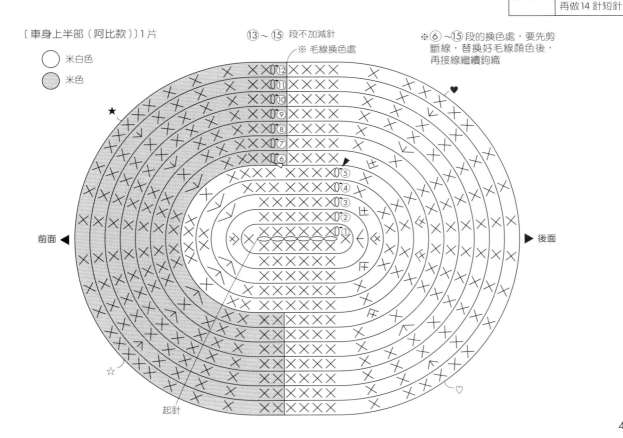

前面 ◄   ► 後面

起針

45

●● 織 圖 ●● ▶ 剪斷線 ▷ 接線 ↘ =加2短針（在同1針目內做3個短針）

〔車底〕1片

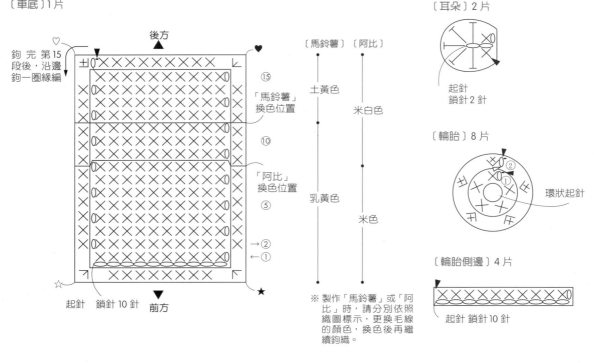

鉤完第15
段後，沿邊
鉤一圈緣編

後方

⑮

「馬鈴薯」
換色位置

⑩

「阿比」
換色位置

⑤

→②
←①

起針　鎖針 10 針　前方

〔馬鈴薯〕〔阿比〕

土黃色　　米白色

乳黃色　　米色

※ 製作「馬鈴薯」或「阿
比」時，請分別依照
織圖標示，更換毛線
的顏色，換色後再繼
續鉤織。

〔耳朵〕2 片

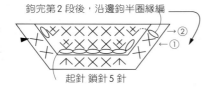

起針
鎖針 2 針

〔輪胎〕8 片

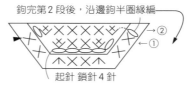

環狀起針

〔輪胎側邊〕4 片

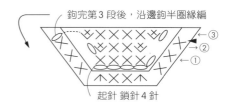

起針 鎖針 10 針

〔前車窗〕1片

鉤完第 2 段後，沿邊鉤半圈緣編

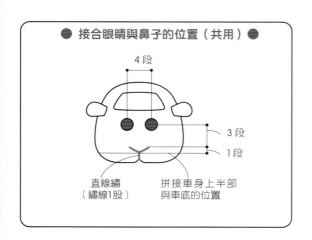

→②
←①

起針 鎖針 5 針

〔車窗（兩側）〕2 片

鉤完第 2 段後，沿邊鉤半圈緣編

→②
←①

起針 鎖針 4 針

〔後車窗〕1 片

鉤完第 3 段後，沿邊鉤半圈緣編

→③
→②
←①

起針 鎖針 4 針

●● 原寸大小紙型 ●●

※ 素材皆為 2 片不織布（左右各1片）
※ 用立針縫把不織布縫到車身時，請取1條與不織布同樣顏色的繡線來進行縫合

〔阿比的「新手上路」標示〕

白色　　　黃綠色

深黃色

〔天竺鼠救護車車的「十字」標示〕

紅色

淺藍色

〔天竺鼠巡警車車的「警徽」標示〕

回針繡
（白色繡線1股）

藍色

黃色

● 接合眼睛與鼻子的位置（共用）●

4 段

3 段

1 段

直線繡
（繡線1股）

拼接車身上半部
與車底的位置

●●●〔織圖〕●●● ▶ 剪斷線 ⌃ ＝加2短針（在同1針目內做3個短針） ⋔ ＝減2長針（把3個長針鉤成1針）

〔馬鈴薯的車身花紋〕乳黃色1片

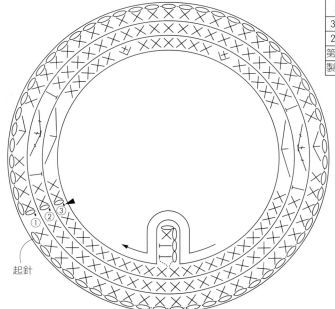

起針

段數	針數	加減針
3	44	－6
2	50	－4
第1段	54針	－4針
製作針目	鎖針58針	

〔巧克力的花〕
藍綠色2片

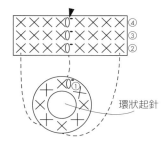

環狀起針

〔天竺鼠巡警車車的警示燈〕紅色1片

④
③
②

環狀起針

〔天竺鼠巡警車車的警示燈底座〕淺灰色1片

起針 鎖針12針

〔天竺鼠救護車車的警示燈側邊〕紅色2片

環狀起針

〔天竺鼠救護車車的警示燈〕紅色1片

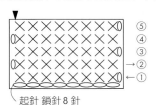

⑤
④
③
→②
←①

起針 鎖針8針

〔天竺鼠救護車車的警示燈中間〕白色1片

起針 鎖針7針

本書主要使用的鉤織針法

 〔鎖針〕

①將毛線掛在鉤針上。
②鉤著毛線向後穿出線圈，即完成一針鎖針。

 〔中長針〕

①先將毛線掛在鉤針上，接著如箭頭所示穿入針目中。
②將毛線掛在鉤針上，並從針目中拉出來。
③再將毛線掛在鉤針上。
④向後穿出三個線圈，即完成一針中長針。

 〔短針〕

①如圖箭頭所示，將鉤針穿入針目。
②把毛線掛在鉤針上，並從針目中拉出來，再將毛線掛在鉤針上。
③接著向後穿出線圈，即完成一針短針。

 〔長針〕

①先將毛線掛在鉤針上，接著如箭頭所示穿入針目中。
②把毛線掛在鉤針上，並從針目中拉出來，再將毛線掛在鉤針上，如箭頭所示，向後從前兩個線圈拉出。
③再將毛線掛在鉤針上。
④接著向後穿出兩個線圈，即完成一針長針。

● 材 料 ●
各種顏色的拼豆
※ 各款所需使用的拼豆顏色，請參照
　 原寸紙型上的標示。

● 工 具 ●
模板：透明（方形）
熨斗
助燙紙或烘焙紙
壓力板
拼豆專用輔助夾（沒有也沒關係）

● 製作方法 ●

1 將拼豆依序排入模板內

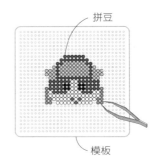

拼豆
模板

2 用熨斗熨燙

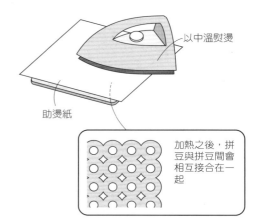

以中溫熨燙

助燙紙

加熱之後，拼豆與拼豆間會相互接合在一起

3 蓋上壓力板並放置冷卻

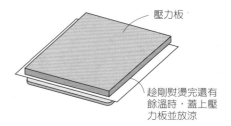

壓力板

趁剛熨燙完還有餘溫時，蓋上壓力板並放涼

4 重複步驟**2**~**3**熨燙另一面。

● 原寸大小紙型 ●

〔馬鈴薯〕

○ 乳黃色　　◉ 焦糖牛奶色　　⬤ 深褐色
◎ 桃色　　　● 褐色　　　　　● 黑色
◉ 鮭魚粉

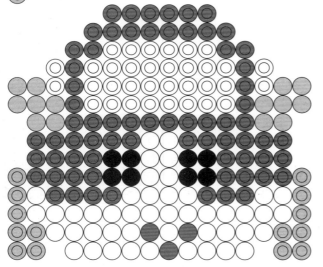

〔底座〕

⊗ 透明

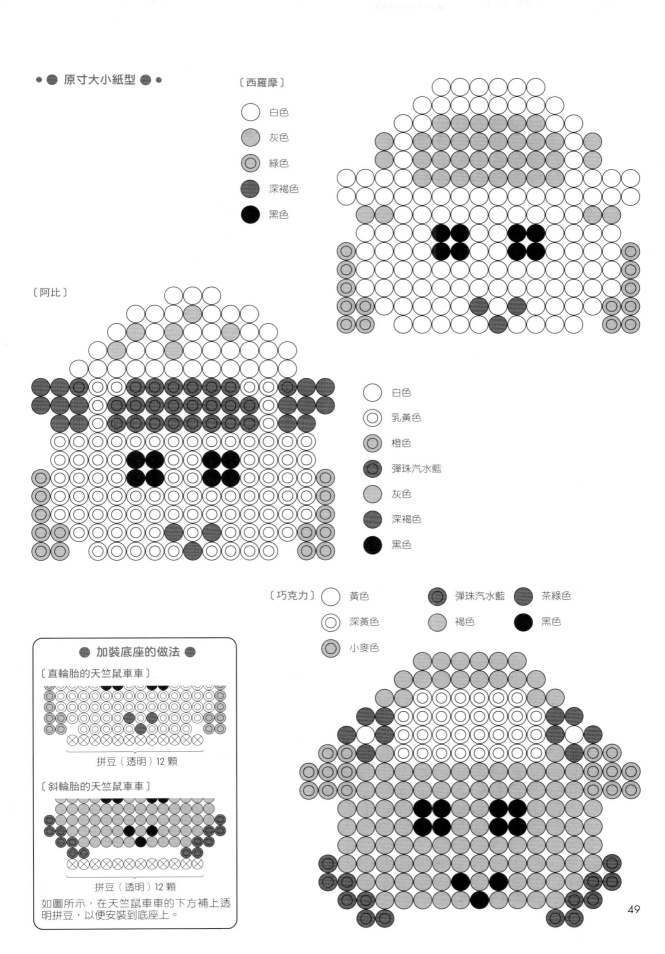

● ● 原寸大小紙型 ● ●

〔西羅摩〕

○ 白色
◐ 灰色
◎ 綠色
● 深褐色
● 黑色

〔阿比〕

○ 白色
◎ 乳黃色
◎ 橙色
● 彈珠汽水藍
◐ 灰色
● 深褐色
● 黑色

〔巧克力〕 ○ 黃色　　　　● 彈珠汽水藍　　● 茶綠色
　　　　　　◎ 深黃色　　　◐ 褐色　　　　　● 黑色
　　　　　　◎ 小麥色

● 加裝底座的做法 ●

〔直輪胎的天竺鼠車車〕

拼豆（透明）12 顆

〔斜輪胎的天竺鼠車車〕

拼豆（透明）12 顆

如圖所示，在天竺鼠車車的下方補上透明拼豆，以便安裝到底座上。

● ● 原寸大小紙型 ● ●

〔泰迪〕

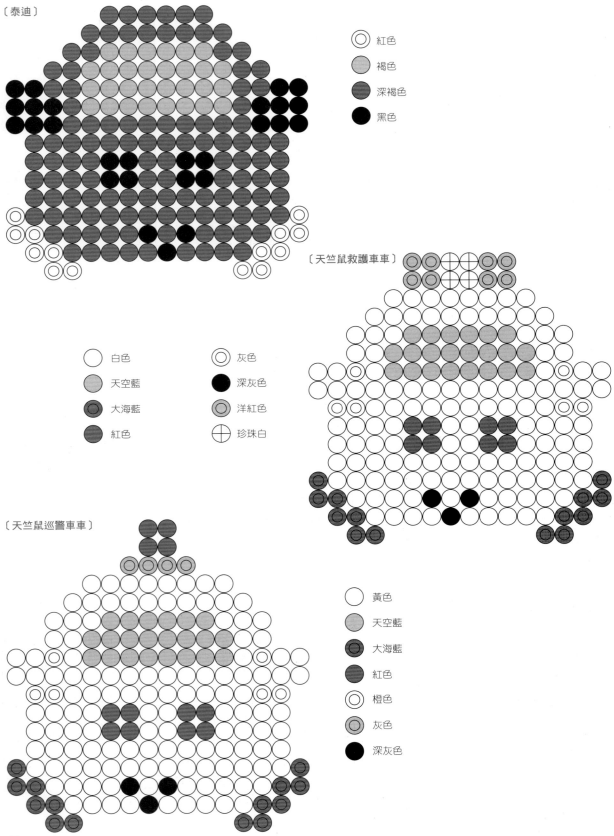

紅色
褐色
深褐色
黑色

白色　　　灰色
天空藍　　深灰色
大海藍　　洋紅色
紅色　　　珍珠白

〔天竺鼠救護車車〕

〔天竺鼠巡警車車〕

黃色
天空藍
大海藍
紅色
橙色
灰色
深灰色

● ● 材 料 ● ●
〔馬鈴薯〕
肥皂（約75g）1顆
羊毛 黃色（35）4g，乳黃色（42）、橙色（5）、鮭魚粉（37）、淺粉紅色（36）、褐色（206）、深褐色（41）、黑色（9）、白色（1）各適量
〔西羅摩〕
肥皂（約75g）1顆
羊毛 水藍色（58）4g，白色（1）、綠色（40）、灰色（54）、黑色（9）、黃色（35）、鮭魚粉（37）、深褐色（41）各適量
〔阿比〕
肥皂（約80g、圓形）1顆
羊毛 紫色（25）4g，乳黃色（42）、白色（1）、水藍色（58）、深褐色（41）、橙色（5）、黑色（9）、灰色（54）各適量
〔巧克力〕
肥皂（約85g）1顆
羊毛 粉紅色（833）4g，褐色（206）、橙色（5）、水藍色（58）、淺褐色（803）、黑色（9）、黃色（35）、藍綠色（824）、深咖啡色（31）、白色（1）各適量
〔泰迪〕
肥皂（約50g、正方形）1顆
羊毛 黃綠色（60）4g，咖啡色（804）、褐色（206）、深咖啡色（31）、紅色（24）、黑色（9）、黃色（35）、白色（1）各適量

● ● 工 具 ● ●
溫水（約40℃）
料理盆
氣泡紙（沒有也沒關係，但準備起來會比較方便）
羊毛氈專用戳針

● ● 製作方法 ● ●

① 先將當作基底的4g羊毛分成8等分（每份0.5g）※ 拆分羊毛的方法請參閱 P.6

② 用羊毛把肥皂包裹起來

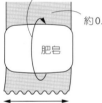

❷包裹起來
約0.5g 的羊毛
肥皂
❶薄薄地將羊毛向外拉開

用羊毛將肥皂完全包裹起來，包裹時上下左右與側邊等每個方向都要包滿，不要留下任何縫隙。
※ 製作「馬鈴薯」時，請多預留一些基底顏色的羊毛，之後裝飾圖案會使用。

③ 縮緊貼合

把包好羊毛的肥皂完全浸濕
溫水（約40℃）
料理盆

用氣泡紙（也可以用手）將羊毛肥皂輕輕的搓出泡泡來（搓到羊毛纖維縮緊即可）
↓
自然晾乾

④ 戳刺圖案

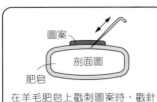

圖案
剖面圖
肥皂

在羊毛肥皂上戳刺圖案時，戳針要「斜進斜出」。

※羊毛的戳刺方法，與 P.8~9 戳刺圖案的方法一樣。

⑤ 完成後再次搓洗

與步驟❸搓洗起泡的做法一樣
※ 如果只是要當成裝飾品，可省略此步驟

● ● 原寸大小紙型 ● ● ※ 其他圖案請參閱 P.52

〔馬鈴薯〕

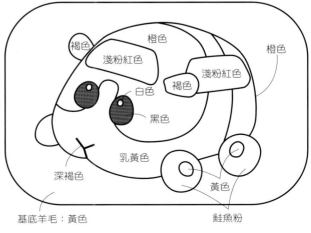

褐色
橙色
橙色
淺粉紅色
淺粉紅色
白色
褐色
黑色
乳黃色
深褐色
黃色
鮭魚粉
基底羊毛：黃色

〔西羅摩〕

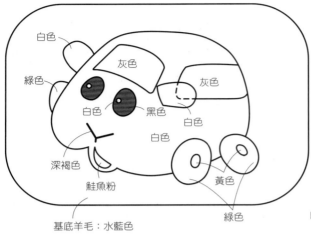

白色
灰色
綠色
灰色
白色
黑色
白色
白色
深褐色
鮭魚粉
黃色
綠色

基底羊毛：水藍色

● 羊毛肥皂裝飾圖案的訣竅 ●

搭配「水消筆」來製作會更方便！

當基底的羊毛肥皂晾乾後，可用「水消筆」將圖案草稿描繪在肥皂上，就能輕鬆依照圖稿來裝飾圖案喔！

〔巧克力〕

藍綠色
黃色
橙色
黃色
橙色
淺褐色
淺褐色
白色
黑色
褐色
水藍色
黃色
深咖啡色

基底羊毛：粉紅色

〔泰迪〕

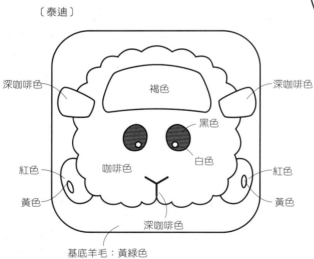

深咖啡色
褐色
深咖啡色
黑色
紅色
紅色
咖啡色
白色
黃色
黃色
深咖啡色

基底羊毛：黃綠色

〔阿比〕

灰色
水藍色
白色
水藍色
水藍色
深褐色
深褐色
白色
白色
乳黃色
黑色
橙色
深褐色
橙色

基底羊毛：紫色

● ● 材 料 ● ●

熱縮片（打磨過的半透明款）

※ 熱縮片有許多種類，有的可以用色鉛筆繪圖、有的則無法，請選擇「可以用色鉛筆上色」的款式。

珠鍊（適用鑰匙圈款）

單圈（適用鑰匙圈款）

● ● 工 具 ● ●

色鉛筆

剪刀

烤箱、鋁箔紙

壓力板（可用砧板、書本等代替）

塑膠專用接著劑（適用加裝底座）

打洞機（適用鑰匙圈款）

● ● 製作方法 ● ● ※ 各品牌的熱縮片，其縮小比率或加熱所需溫度均不同；使用前請詳細閱讀廠商所提供的使用說明書。

1 在熱縮片上描繪圖案，再用剪刀剪下

❶用色鉛筆描繪圖案

熱縮片

❷裁剪圖案，請記得在圖案邊緣預留一點空間

2 放入烤箱加熱、收縮

預熱烤箱

鋪上已抓皺的鋁箔紙

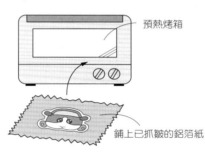

3 壓平熱縮片並放涼

從烤箱取出熱縮片後，趁還有餘溫時，用壓力板壓平熱縮片並放涼。

〔加裝底座的做法〕

❶底座需要分開製作

❷用塑膠專用的接著劑黏合

底座

〔鑰匙圈款的做法〕

❶以色鉛筆描繪圖案

❷用打洞機在上方打洞

❸裁剪圖案，請記得在圖案邊緣預留一點空間

❹放入烤箱加熱、收縮

珠鍊

單圈

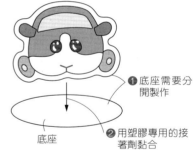

● ● 原寸大小紙型 ● ● ※ 其他樣式請參閱 P.54~56

〔馬鈴薯〕

粉紅色

褐色

褐色

粉紅色

白色

褐色

黑色

土黃色

黃色

深粉紅色

淺黃色

褐色

邊緣處請用橙色的色鉛筆，由外向內側做出漸層的色暈

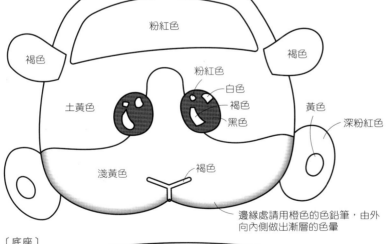

〔底座〕

※ 不必著色

〔西羅摩〕

邊緣處請用灰色的色鉛
筆，由外向內側做出漸
層的色暈

灰色

白色

白色

粉紅色

白色

綠色

黑色

褐色

綠色

白色

黃色

褐色

黃色

〔巧克力〕

邊緣處請用橙色的色鉛
筆，由外向內側做出漸
層的色暈

藍綠色

黃色

黃色

輪廓線：深褐色

內側：淺褐色

白色

粉紅色

黑色

紫色

褐色

水藍色

黑色

水藍色

〔天竺鼠巡警車車〕

粉紅色

紅色

紅紫色

淺紅色

灰色

邊緣處請用橙色的色鉛
筆，由外向內側做出漸
層的色暈

水藍色

黃色

黃色

粉紅色

白色

紅色

紅紫色

黃色

藍色

藍色

黃色

褐色

黃色

● 熱縮片的訣竅 ●

著色時顏色塗淡一點！

由於加熱後熱縮片會縮小，
顏色也會隨之變深。
所以著色時，下筆不要太
重，輕輕塗上顏色即可。

● ● ● 原寸大小紙型 ● ● ●

〔天竺鼠救護車車〕

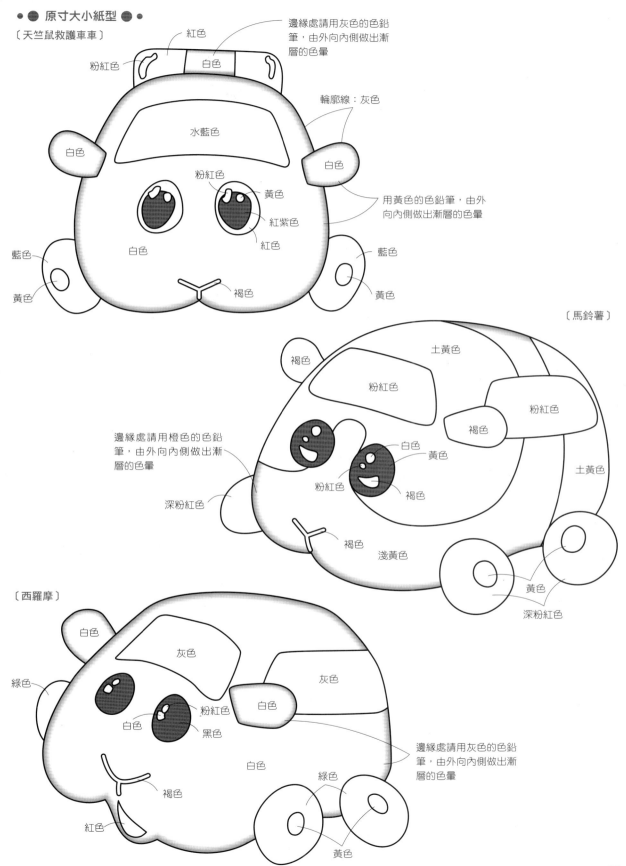

紅色

邊緣處請用灰色的色鉛
筆，由外向內側做出漸
層的色暈

粉紅色

白色

水藍色

輪廓線：灰色

白色

白色

粉紅色

黃色

紅紫色

紅色

用黃色的色鉛筆，由外
向內側做出漸層的色暈

藍色

白色

藍色

黃色

褐色

黃色

〔馬鈴薯〕

土黃色

褐色

粉紅色

粉紅色

褐色

邊緣處請用橙色的色鉛
筆，由外向內側做出漸
層的色暈

白色

黃色

土黃色

深粉紅色

粉紅色

褐色

褐色

淺黃色

黃色

深粉紅色

〔西羅摩〕

白色

灰色

綠色

灰色

白色

粉紅色

白色

黑色

邊緣處請用灰色的色鉛
筆，由外向內側做出漸
層的色暈

白色

綠色

褐色

紅色

黃色

55

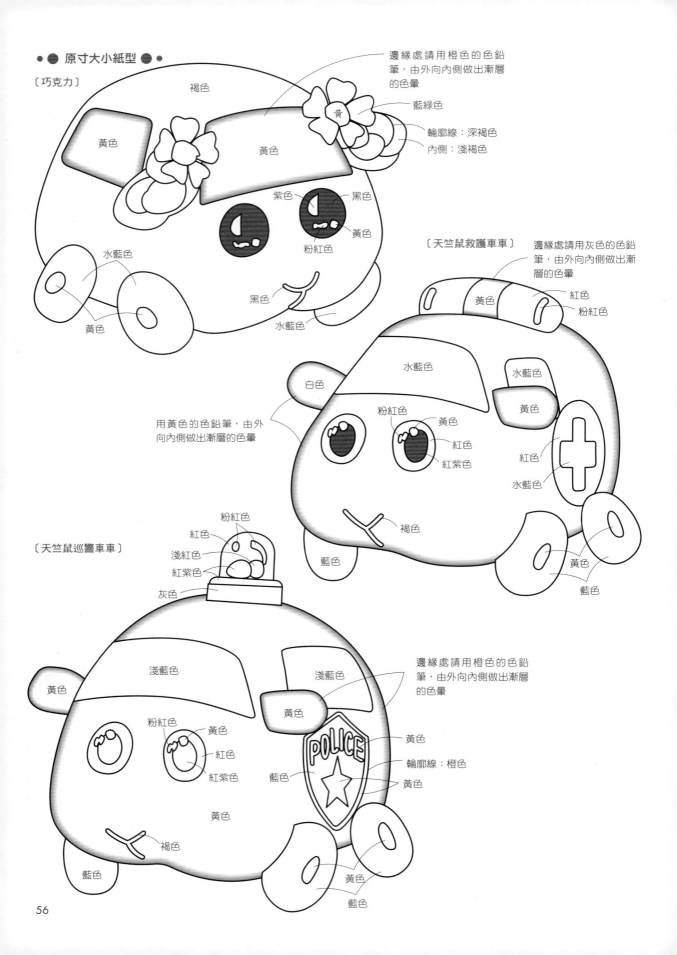

● ● 原寸大小紙型 ● ●

〔巧克力〕

褐色

邊緣處請用橙色的色鉛筆，由外向內側做出漸層的色暈

藍綠色

輪廓線：深褐色
內側：淺褐色

黃色

黃

黃色

紫色　黑色

黑色

黃色

粉紅色

水藍色

黑色

黃色

水藍色

〔天竺鼠救護車車〕

邊緣處請用灰色的色鉛筆，由外向內側做出漸層的色暈

黃色　紅色

粉紅色

水藍色

水藍色

白色

黃色

用黃色的色鉛筆，由外向內側做出漸層的色暈

粉紅色　黃色

紅色

紅紫色

紅色

水藍色

褐色

藍色

黃色

藍色

〔天竺鼠巡警車車〕

粉紅色

紅色

淺紅色

紅紫色

灰色

淺藍色

淺藍色

黃色

黃色

邊緣處請用橙色的色鉛筆，由外向內側做出漸層的色暈

粉紅色　黃色

紅色

紅紫色

POLICE

藍色

黃色

輪廓線：橙色

黃色

黃色

褐色

藍色

黃色

藍色

56

P.27 十字繡 × 迷你繡框

● ● 材 料 ● ●

〔馬鈴薯〕
布料（十字繡繡布 13 CT）15cm × 15 cm
DMC 25 號繡線　乳黃色（746）、土黃色（783）、粉紅色（603）、深粉紅色（600）、淺粉紅色（963）、褐色（975）、黑色（310）、黃色（445）、白色（BLANC）、淺褐色（3772）

〔巧克力〕
布料（十字繡繡布13CT）15cm × 15 cm
DMC 25 號繡線　紅褐色（3858）、淺褐色（3772）、深黃色（743）、水藍色（996）、藍色（3838）、淺藍色（800）、黃色（445）、黑色（310）、淺粉紅色（963）、白色（BLANC）、深褐色（838）

● ● 圖 案 ● ● ※ 全部使用 2 股繡線進行十字繡

□ 白色	▽ 乳黃色	● 深粉紅色	▣ 淺藍色
■ 黑色	▼ 土黃色	▢ 淺褐色	▤ 水藍色
○ 淺粉紅色	▼ 褐色	■ 紅褐色	▦ 藍色
△ 黃色	◎ 粉紅色	△ 深黃色	

〔馬鈴薯〕

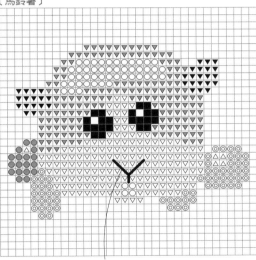

回針繡
（淺褐色繡線 2 股）

〔巧克力〕

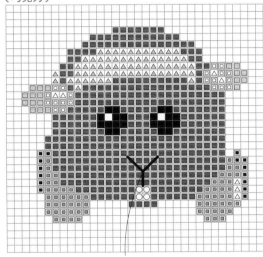

回針繡
（深褐色繡線 2 股）

十字繡的繡法

〔單繡 1 格〕

1 出針
2 出針
4 入針
2 入針

〔連續繡數格〕

9 出針
5 出針
1 出針 3 出針 7 出針
10 入針 8 入針 6 入針
2 入針
4 入針

57

P.26 刺繡束口袋

● ● 材 料 ● ●

布料（棉布）39cm × 26 cm
束口繩 120cm
DMC 25 號繡線　橙色（740）

● ● 剪裁配置圖 ● ●

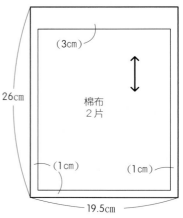

26cm

（3cm）

棉布
2片

（1cm）　（1cm）

19.5cm

● ● 製作方法 ● ●

① 處理布邊

拷克或 Z 字車縫

② 在正面繡出圖案

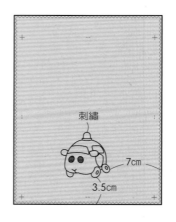

刺繡

7cm

3.5cm

③ 將兩片布料正面相對縫合

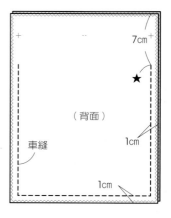

7cm

★

（背面）

1cm

車縫

1cm

④ 縫製穿繩口

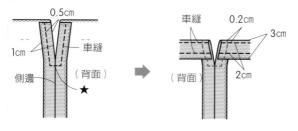

0.5cm

1cm

車縫

側邊

（背面）

★

車縫

0.2cm

3cm

（背面）

2cm

⑤ 穿入束口繩

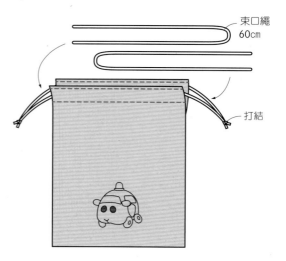

束口繩
60cm

打結

P.26 刺繡手帕

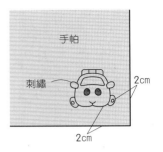

● ● 材 料 ● ●
手帕（亞麻材質）40cm × 40cm 1片
DMC 25 號繡線　褐色（3862）

● ● 製作方法 ● ●

手帕

刺繡

2cm

2cm

● ● 原寸大小紙型 ● ●

〔天竺鼠巡警車車〕

回針繡
（繡線3股）

回針繡
（繡線2股）

緞面繡
（繡線2股）

回針繡
（繡線1股）

〔天竺鼠救護車車〕

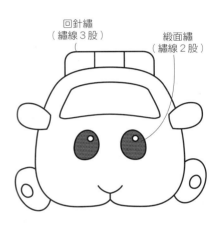

回針繡
（繡線3股）

緞面繡
（繡線2股）

本書主要使用的刺繡針法

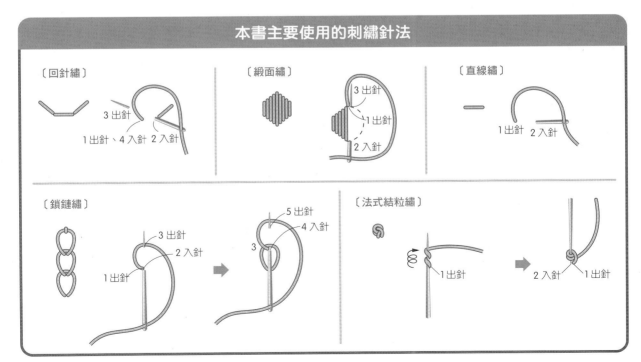

〔回針繡〕

3 出針

1 出針、4 入針　2 入針

〔緞面繡〕

3 出針
1 出針
2 入針

〔直線繡〕

1 出針　2 入針

〔鎖鏈繡〕

3 出針
2 入針
1 出針

5 出針
4 入針
3

〔法式結粒繡〕

1 出針

2 入針　1 出針

● 「馬鈴薯」造型飯糰 ●
材料
白飯　1小碗（約150g）
雞肉燥　適量
燒海苔、火腿、竹輪、熱狗（紅色）　適量
製作方法
❶用白飯捏出車車形狀的「馬鈴薯」飯糰。
❷在飯糰上用雞肉燥鋪出臉部輪廓，接著用燒
海苔與飯粒做出眼睛、用燒海苔做出鼻子、再
用一小塊火腿做成嘴巴、切一小塊竹輪當作耳
朵、切一小段熱狗當成輪胎，最後切一小片梯
形火腿當作車車的前車窗。

● 雞肉燥 ●
材料
雞絞肉（細）　60g
醬油、味醂　各1大匙
砂糖　1小匙
水　1大匙
製作方法
❶將全部的材料放進鍋中，攪拌均勻後開火。
❷轉小火，拿4或5根筷子拌炒材料，至肉燥
呈現顆粒狀為止。

● 芝麻炸雞塊 ●
材料
雞腿肉　80g
鹽巴、胡椒　少許
醬油、味醂　各1/2小匙
拌勻的蛋液　1大匙
太白粉　1大匙
白芝麻　適量
油炸用油　適量
製作方法
❶將雞肉切成容易入口的大小，用鹽巴、胡
椒、醬油及味醂醃一下（約5分鐘）。
❷將步驟❶醃好的雞肉，裹上蛋液與太白粉拌
勻的麵糊，並撒上白芝麻。
❸用170℃的油溫，炸4～5分鐘即完成。

● 南瓜沙拉 ●
材料
南瓜　1/8顆
小黃瓜　1/8條
美乃滋　1大匙
鹽巴、胡椒　少許
製作方法
❶南瓜去皮後切成容易入口的大小，把小黃瓜
切成片狀。
❷把步驟❶的南瓜塊煮軟。
❸將步驟❷的南瓜與步驟❶的小黃瓜放在一
起，再拌入美乃滋、鹽巴、胡椒調味。

● 毛豆串 ●
材料
冷凍毛豆　適量
製作方法
❶把冷凍毛豆用水煮過後撈起備用。
❷把步驟❶的毛豆放涼之後，撥開豆莢取出毛
豆仁，用叉子或竹籤串起來即完成。

● 水煮綠花椰菜、小番茄 ●

● 草莓、柳橙 ●

● ● 原寸大小紙型 ● ●

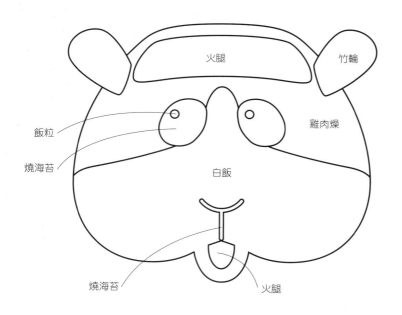

火腿
竹輪
雞肉燥
飯粒
燒海苔
白飯
燒海苔
火腿

● 卡通造型便當的訣竅 ●

善用保鮮膜！

製作飯糰時，可以將白飯放在保鮮膜
內，再慢慢捏出飯糰的形狀。

把市售的袋裝巧克力，
變成巧克力筆！

將未拆封的袋裝巧克力，整包放進
50℃的熱水中，等到包裝內的巧克
力溶化後，只要剪開包裝邊角，就可以當
作在食物上繪圖的巧克力筆來使用。

● ●「馬鈴薯」車身花紋的做法 ● ●

正面

側面

俯視

●「馬鈴薯」造型麵包捲 ●

材料
奶油麵包捲　1個
火腿　1/2 片
熱狗（紅色）1條
切邊吐司　適量
巧克力筆（原色、白色）　各1條
美乃滋　適量

製作方法
❶參考右圖中的虛線，撕掉奶油麵包捲的部分表皮，模擬出「馬鈴薯」的車身花紋。
❷用火腿切出前、後及兩側車窗的形狀，再切一小段熱狗做成輪胎，接著將吐司撕下薄薄一小片，剪成耳朵的形狀，再放進烤箱烤脆備用。
❸用巧克力筆描繪出眼睛與嘴巴的樣子，並將烤好的耳朵吐司片，插進麵包捲，接著在要做成車窗的火腿片，以及要做成輪胎的熱狗背面，塗上一些美乃滋後，依序將各部位貼合在奶油麵包捲上即可完成。

● 水煮綠花椰菜、小番茄 ●

● 果醬 ●

●「巧克力」造型麵包捲 ●

材料
奶油麵包捲1個
起司片（切達起司）1/2 片
魚板（白色）適量
食用色素（藍色）少許
切邊吐司 適量
巧克力筆（原色、白色）各1條
美乃滋 適量

製作方法
❶將奶油麵包捲進烤箱稍微烤一下，讓麵包的表皮上色。
❷用起司片做出前、後及兩側車窗，接著將魚板切成扁圓筒狀，放進用水泡開的食用色素內染成藍色，做成輪胎備用，再將吐司撕下薄薄一小片，剪成耳朵的形狀，放進烤箱烤脆備用。
❸用巧克力筆描繪出眼睛與嘴巴的樣子，並將烤好的耳朵吐司片，插進麵包捲，接著在要做成車窗的起司片，以及要當成輪胎的魚板背面，塗上一些美乃滋後，依序將各部位貼合在奶油麵包捲上，最後在耳朵處放上裝飾的花朵即完成。

❶沿著圖中奶油麵包捲上的虛線（----），用刀子淺淺劃出線條。
❷沿著線條剝開麵包捲表皮，露出麵包體當成車身花紋的白色部分。

● ● 原寸大小紙型 ● ●

※ 以下的紙型是書中的造型麵包尺寸。實際製作時，請依照奶油麵包捲的大小，將原寸圖案放大或縮小使用。

〔眼睛〕

巧克力筆（原色）

（白色）

〔鼻子〕

（原色）

〔車窗（前後）〕

〔車窗（左右）〕

〔「馬鈴薯」的耳朵〕

〔「巧克力」的耳朵〕

● ● **材 料** ● ●

〔奶油餅乾〕約12 片
無鹽奶油　80g
糖粉　80g
雞蛋（中型）　1 顆
粉類：
　低筋麵粉　200g
　泡打粉　1/2 小匙
　鹽巴　少許
〔巧克力餅乾〕約12 片
無鹽奶油　80g
糖粉　80g
雞蛋（中型）　1 顆
粉類：
　低筋麵粉　200g
　泡打粉　1/2 小匙
　可可粉　1 小匙
　鹽巴　少許
〔共用〕
巧克力筆（原色、白色、粉紅色、藍色、黃色、紫色）

● ● **事先準備** ● ●

❶從冰箱中取出無鹽奶油、雞蛋，放在室溫回溫。
❷粉類素材混和後過篩備用。
❸先在烤盤上鋪上烘焙紙。
❹將烤箱轉至170℃ 預熱。

● ● **製作方法** ● ●

❶把無鹽奶油、糖粉放進料理盆中，用打蛋器打到略呈白色。
❷將拌勻的蛋液，一點一點分次倒入步驟❶的料理盆中拌勻。
❸將已過篩的粉類，倒入步驟❷的料理盆中，用刮刀以切拌的方式，拌成團狀的餅乾麵團。
❹用保鮮膜將步驟❸的麵團包起來，放進冰箱冷藏 1 個小時。
❺在工作台上撒一點低筋麵粉（不包含在材料內的分量）當作手粉，用桿麵棍將步驟❹的麵團，桿至約 3mm 的厚度。
❻依原寸紙型大小，在步驟❺的麵團上裁出天竺鼠車車的圖案，接著把餅乾麵團放在烤盤上，用預熱好的170℃ 烤箱，烤12 分鐘左右。
❼取出餅乾放涼後，再用巧克力筆畫出細部圖案。

● ● **原寸大小紙型** ● ●

※（ ）內是指該處所需使用的巧克力筆顏色。

〔馬鈴薯〕

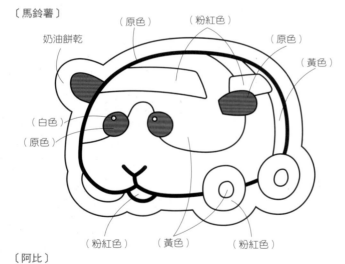

奶油餅乾
（原色）
（粉紅色）
（原色）
（黃色）
（白色）
（原色）
（粉紅色）
（黃色）
（粉紅色）

〔西羅摩〕

（原色）
（紫色）
（白色）
（原色）
奶油餅乾
（粉紅色）
（藍色）
（黃色）

〔阿比〕

（藍色）
奶油餅乾
（原色）
（白色）
（原色）
（原色）
（黃色）
（粉紅色）

〔泰迪〕

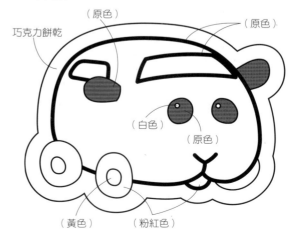

（原色）
（原色）
巧克力餅乾
（白色）
（原色）
（黃色）
（粉紅色）

P.31 造型冰淇淋

〔馬鈴薯〕

〔巧克力〕

〔泰迪〕

●● 原寸大小紙型 ●●

※ 全使用巧克力筆製作

〔前車窗（共用）〕

〔馬鈴薯〕（粉紅色）
〔巧克力〕（黃色）
〔泰迪〕（原色）

〔眼睛（共用）〕

（白色）（原色）

〔鼻子（共用）〕　〔耳朵（馬鈴薯、泰迪）〕〔耳朵（巧克力）〕〔花（巧克力）〕

（原色）　（原色）　（原色）　（藍色）（黃色）

●● 材料 ●●

〔馬鈴薯〕
冰淇淋（香草口味）　適量
杏仁巧克力　1顆
巧克力筆（原色、白色、粉紅色）　各1條
黃豆粉　少許
〔巧克力〕
冰淇淋（巧克力口味）　適量
杏仁巧克力　1顆
巧克力筆（原色、白色、藍色、黃色）　各1條
〔泰迪〕
冰淇淋（咖啡口味）
杏仁巧克力　1顆
巧克力筆（原色、白色）　各1條
〔共用〕
玉米片　各適量

●● 事先準備 ●●

先將玉米片倒入冰淇淋杯中備用。

●● 製作方法 ●●

❶在烘焙紙上用巧克力筆描繪出眼睛、鼻子、前車窗、耳朵、花朵等圖案後，靜置到巧克力凝固變硬為止，接著將杏仁巧克力切成厚1公分的圓片，做出輪胎的形狀。
❷從冰箱中取出冰淇淋，放置到容易挖取的硬度之後，用冰淇淋勺挖出一球冰淇淋，放入已裝好玉米片的冰淇淋杯內。（如果沒有冰淇淋勺，可改用湯匙挖出圓球狀的冰淇淋）
❸「馬鈴薯」款的造型冰淇淋，需先用烘焙紙遮住冰淇淋的下半球，再從上方撒黃豆粉，做出車身花紋。撒黃豆粉的時候，記得要預留「馬鈴薯」眼睛中間的白色部分。
❹把前車窗、眼睛、鼻子、輪胎等部位的巧克力片，依序裝飾在冰淇淋上，最後插上耳朵即完成。

P.31 造型聖代

●● 材料 ●●

天竺鼠車車造型冰淇淋（作法同上）
草莓　適量
玉米片　適量
鮮奶油　適量

●● 製作方法 ●●

❶把玉米片倒進冰淇淋杯中；將草莓切成容易入口的大小後，裝飾在冰淇淋杯內，並擠上鮮奶油裝飾。
❷將製作好的天竺鼠車車造型冰淇淋，放入步驟❶的冰淇淋杯內即完成。

〔巧克力〕

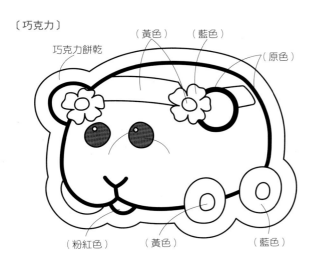

巧克力餅乾　（黃色）（藍色）（原色）

（粉紅色）　（黃色）　（藍色）

國家圖書館出版品預行編目（CIP）資料

萌翻天！PUI PUI 天竺鼠車車的手作大冒險 /
主婦與生活社編著；方嘉鈴翻譯 -- 初版 . -- 新
北市：大風文創股份有限公司 , 2022.04
　面；　公分

譯自：PUI PUI モルカーのプイプイハンドメ
イド

ISBN 978-626-95315-4-7(平裝)

1. 羊毛氈　2. 手工藝

426.7　　　　　　　　　　　　110022760

萌翻天！
PUI PUI 天竺鼠車車的手作大冒險

編　　著／主婦與生活社
執　　編／林巧玲
翻　　譯／方嘉鈴
內頁排版／弘道實業有限公司
封面設計／陳琬綾

發 行 人／張英利
出 版 者／大風文創股份有限公司
電　　話／（02）2218-0701
傳　　真／（02）2218-0704
網　　址／ http://windwind.com.tw
E-Mail ／ rphsale@gmail.com
Facebook ／大風文創粉絲團
http://www.facebook.com/windwindinternational
地　　址／ 231 台灣新北市新店區中正路 499 號 4 樓

台灣地區總經銷／聯合發行股份有限公司
電話／（02）2917-8022
傳真／（02）2915-6276
地址／ 231 新北市新店區寶橋路 235 巷 6 弄 6 號 2 樓

港澳地區總經銷／豐達出版發行有限公司
電話／（852）2172-6513　傳真／（852）2172-4355
E-mail ／ cary@subseasy.com.hk
地址／香港柴灣永泰道 70 號柴灣工業城第二期 1805 室

初版一刷／ 2022 年 4 月
定　　價／新台幣 320 元

特別提供給讀者的紙型 & 圖案
下載資訊說明

書中所刊載的紙型與圖案，均可自行
在下方網站連結中下載。
只要使用一般印表機，選用 A4 紙張
列印即可。

（下載期限至：2023 年 10 月 31 日）

https://www.shufu.co.jp/ct/HM6CAR2

使用方法
1. 從網站中下載 PDF 紙型
2. 可從 PDF 檔案中挑選出所需要的紙型，選取該
　頁碼後，直接以「原寸」、「直式」的方式，將紙
　型或圖案列印在 A4 紙上。
3. 接著用剪刀或美工刀等，裁剪下 A4 紙上的紙型
　或圖案。

注意事項
※ 本頁所刊載網址連結，係特別為讀者所提供的
　服務，嚴禁將該網址公開、散佈於網路等開放
　平台。
※ 本書及上述網站所附紙型與圖案之智慧財產權
　及其他各項權利等，均屬於本書作者與本公司
　所擁有，嚴禁以任何方式，將紙型或圖案等資
　訊傳播給第三人，亦禁止將書中內容上傳至網
　路等公開平台。另外，使用本書紙型或圖案所
　製作的成品，僅供個人使用，嚴禁商業販售。
※ 有關紙型列印或印刷等問題，請詢問該印表機
　廠商所提供的客服諮詢窗口。

日方 staff
作品設計：寺西 惠理子
攝　　影：奧古 仁、安藤 友梨子
書籍設計：NE×US DESIGN
作品製作：森 留美子、YABE RIE 、高 木 敦
　　　　　子、菅原 智惠子、大島 CHITOSE、
　　　　　USUI TOSHIO、池田 直子、植田 千
　　　　　尋、澤田 瞳、奈良 緣里
料理製作：並木 明子
作品製作 & 作法統整：千枝 亞紀子
監　　修：見里 朝希、新銳動畫
製　　作：MORUKAZU
編輯協力：PINK PEARL PLANNING
校　　對：滄流社